Nicole und Monika Helbig

Frühlingskreationen

mit Artischockentechnik und Patchwork-Art

frechverlag

Vorlagen und Skizzen Blumenstecker „Osterhase", Seite 11

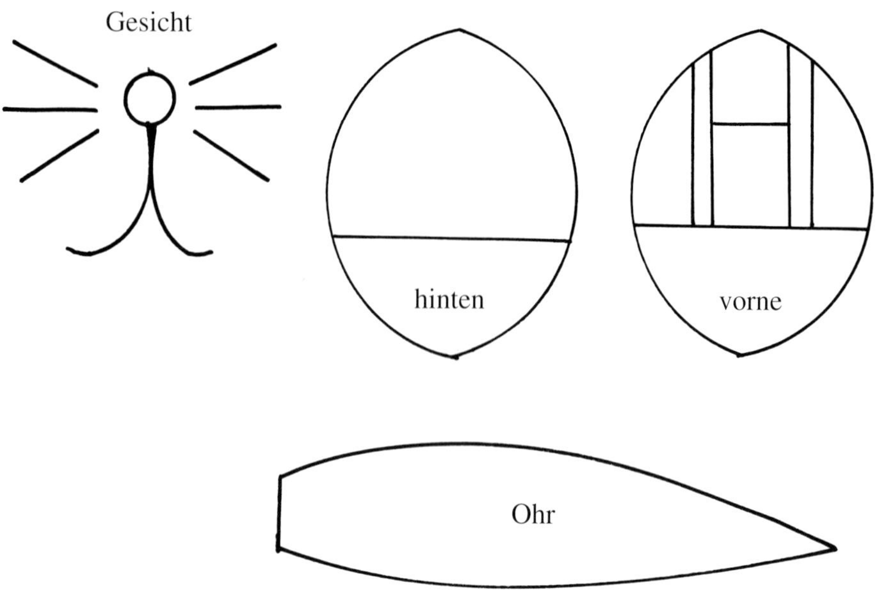

Vorlagen „Hase mit Hut", Seite 15

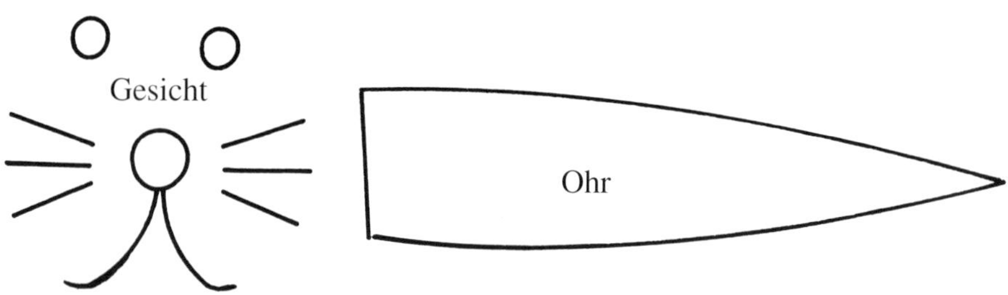

Fotos: frechverlag GmbH + Co. Druck KG, 70499 Stuttgart; Fotostudio Ullrich & Co. Renningen

Auflage: 5. 4. 3. 2. 1. | Letzte Zahlen
Jahr: 2001 2000 99 98 97 | maßgebend

frechverlag GmbH + Co. Druck KG, 70499 Stuttgart

ISBN 3-7724-2152-0 · Best.-Nr. 2152

Druck: frechverlag GmbH + Co. Druck KG, 70499 Stuttgart

In diesem Buch möchten wir Ihnen neue Ideen mit Artischockentechnik und Patchwork-Art für die Oster- und Frühlingszeit präsentieren.

Außerdem beschreiben wir die neue Webtechnik (Pin-Weaving), und einige unserer Arbeiten haben wir mit dem aktuellen Strickschlauch kombiniert.

Ein Osterbäumchen, kleine Käfer oder die lustigen Hasenstecker werden auch in Ihre Wohnung österliche Stimmung bringen. Ein Hauch von Frühling erreicht Ihr Heim, wenn Sie fröhliche, helle und leuchtende Osterstoffe verwenden, wie wir sie bei unseren Modellen benutzt haben.

Auch als Geschenk für Freunde und Verwandte werden unsere Anregungen bestimmt Ihr Interesse wecken.

Wir wünschen Ihnen viel Spaß und Erfolg bei der Nacharbeitung unserer Vorschläge.

Frohe Ostern!

Ihre
Nicole und Monika Helbig

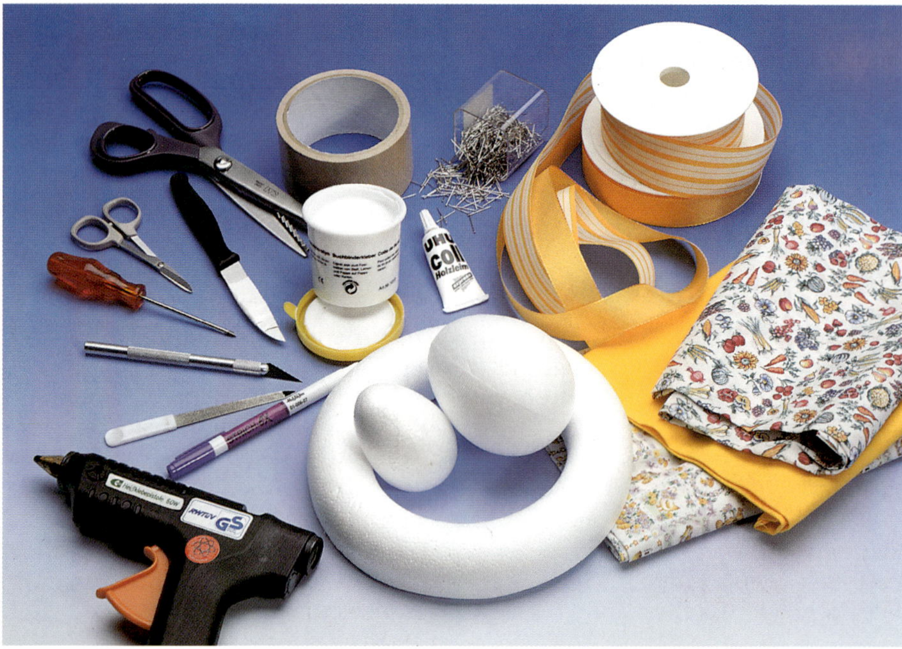

Material

Stoff:
Dünne, kleinbedruckte Baumwollstoffe mit Frühlingsmotiven, sogenannte Patchworkstoffe, eignen sich am besten für die in diesem Buch beschriebenen Techniken. Allerdings können auch Stoffreste oder andere Baumwollstoffe verwandt werden. Achten Sie bitte auch darauf, daß die Stoffe farblich aufeinander abgestimmt sind.
Sie müssen für die Artischockentechnik nicht unbedingt Stoffquadrate schneiden. Sie können auch 5 cm breite Streifen schneiden, die Sie wie 4 cm breites Band verwenden. Allerdings muß der Streifen an der Längsseite 1 cm umgeknickt, also „gesäumt" werden, bevor Sie ihn wie das Band knicken.

Styroporformen:
Im Handel ist eine Vielzahl an Styroporformen erhältlich. Eier, Kränze und andere Formen gibt es in verschiedenen Größen.

Bastelmesser/Skalpell:
Für die Einschnitte in Styropor wird ein scharfes, spitzes Messer benötigt. Der Schnitt muß glatt und gerade verlaufen, damit die Arbeiten ordentlich bezogen werden können. Ein Cuttermesser ist hier nicht geeignet.

Nagelfeile:
Zum Einstecken der Stoffe in die vorgeschnittenen Ritzen brauchen Sie eine Nagelfeile.

Scheren:
Eine kleine scharfe Schere benötigen Sie zum Abschneiden des Stoffes bei der Patchwork-Art. Außerdem brauchen Sie eine Zackenschere.

Messer:
Ein Haushaltsmesser wird zum Nachstecken des Stoffes bei der Patchwork-Art benötigt. Die Messerschneide wird mit etwas Klebefilm umwickelt, damit man sich nicht schneidet.

Leim/Kleber:
Holzleim eignet sich hervorragend zum Ausbessern kleiner Unregelmäßigkeiten.
Styroporkleber könnte für einige Ausbesserungsarbeiten ebenfalls hilfreich sein.
Auch eine Klebepistole eignet sich phantastisch für einige Arbeiten.

Blaupapier:
Gebraucht wird es zur Übertragung des Motivs auf das Styropor.

Nadeln:
Für die Artischockentechnik brauchen Sie kleine Stecknadeln, nicht länger als 1,7 cm.

Bänder:
Bänder werden in verschiedenen Breiten benötigt, entweder für die Artischockentechnik oder zur Verzierung anderer Bastelarbeiten. Die Bänder für die Artischockentechnik sollten in der Regel 4 cm breit sein, doch Baumwollbänder sind nur in 3,8 cm Breite erhältlich. Natürlich können Sie diese auch verwenden.

Phantomstift:
Damit können Sie Ihre Styroporformen in Segmente einteilen. Nach einiger Zeit wird der Strich wieder unsichtbar.

Artischockentechnik in Sternoptik

Styroporteile mit einem Sternmuster werden wie abgebildet besteckt:

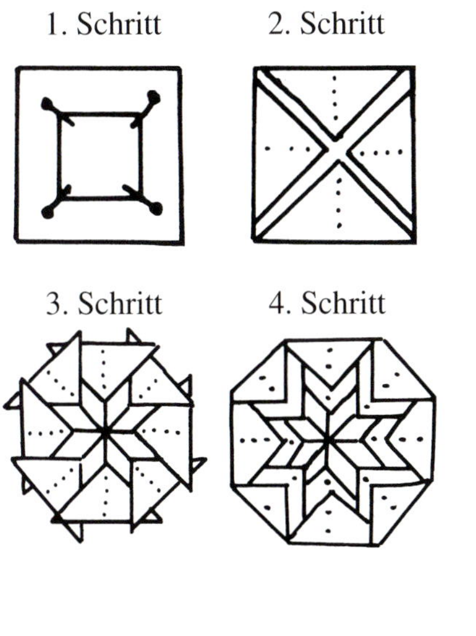

Arbeitsschritte

Patchwork-Art

1. Schritt
Unterteilen Sie die Styroporform mit einem Stift in mehrere Segmente, und schneiden Sie die Segmentlinien ca. 1 cm tief mit einem Skalpell ein. Dabei das Messer senkrecht mit der Spitze ins Styropor stecken und an der Linie entlang „sägen“, damit das Styropor nicht bricht.

2. Schritt
Nun wird das Segment mit Stoff bezogen, indem der Stoff mit Hilfe einer Nagelfeile in die vorgeschnittene Ritze, um das Segment herum, gestopft wird.

3. Schritt
Dann den Stoff nah am Styropor mit einer kleinen Schere abschneiden.

4. Schritt
Der restliche an den Rändern überstehende Stoffrest wird nun mit dem Rücken eines beklebten Haushaltsmessers eingesteckt, bis er vollständig verschwunden ist.
Hinweis:
Bei der Bearbeitung von Hohlformen muß darauf geachtet werden, daß der Stoff um die Außenkante der Form gezogen wird, damit ein ordentlicher Abschluß entsteht.

Artischockentechnik

1. Schritt
Bei der Verwendung von Schleifenbändern schneiden Sie Rechtecke in den vorgegebenen Größen zurecht; sollten Sie Stoff verwenden, dann müssen Quadrate zugeschnitten werden. Als Meßhilfe können Sie sich eine Pappschablone anfertigen.

2. Schritt
Bei Schleifenband: Suchen Sie die Mitte des Bandstücks, und falten Sie es der Abbildung nach zu einem Dreieck.
Bei Stoff: Die Quadrate der Abbildung nach falten und eventuell bügeln.

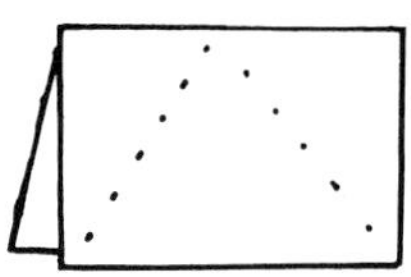

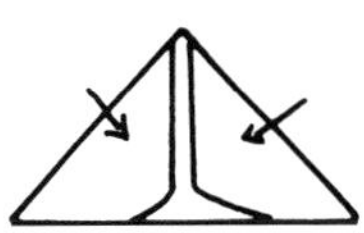

3. Schritt
Zuerst ein Stück Band oder Stoff auf die Kugelmitte legen und an allen vier Ecken mit Stecknadeln befestigen.

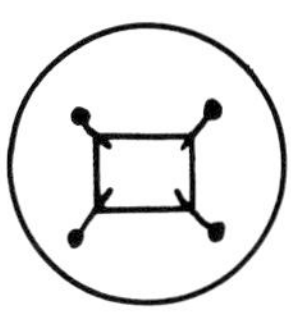

4. Schritt
Dann werden vier gefaltete Dreiecke der gleichen Farbe über Ihrem zuerst aufgesteckten Bandstück befestigt. Dabei die Dreiecke so aneinandersetzen, daß die Spitzen sich in der Mitte berühren.

Die Nadeln werden nun rechts und links an die Unterkante der Dreiecke gesteckt.

5. Schritt
Zwischen die ersten vier Dreiecke setzen Sie nun vier weitere aus anderem Stoff oder Band. Diese vier werden also auf Lücke gesteckt.
So verfahren Sie im Wechsel mit Ihren Stoffen oder Bändern, bis die Kugel fast fertig ist.

6. Schritt
Das nun noch sichtbare kleine Styroporstück wird mit einem Bandrechteck oder Stoffquadrat abgedeckt. Bei einem Styroporkranz wird der Stoff ebenfalls zu Dreiecken gefaltet. Über die erste Schuppenreihe wird dann mit anderem Stoff je eine Schuppe im Abstand von 1 cm nach unten gesetzt. An der Außenseite des Kranzes müssen die Abstände größer, an der Innenseite kleiner werden.

Kranz mit Käfern

Material:

- ➪ 1 Styroporkranz, Flachring mit 25 cm Ø
- ➪ 1 Styroporei, 6 cm groß
- ➪ weiße Pfeifenputzer
- ➪ 4 Tieraugen, 0,7 cm groß

Band für den Kranz:
Für die Schuppen:

- ➪ 4,5 m grünes Band, 4 cm breit
- ➪ 2,3 m gelbes Band, 4 cm breit

Zum Umwickeln:

- ➪ 2,5 m grünes Band, 4 cm breit

Band für die Käfer (mit Drahtkante):

- ➪ 0,2 m braunes Band, 4 cm breit
- ➪ 0,28 m gelb-weiß gestreiftes Band, 4 cm breit
- ➪ 1,4 m gelbes Band, 4 cm breit
- ➪ 0,2 m gelbes Satinband, 0,5 cm breit

Band zum Aufhängen und für die Schleife:

- ➪ 1 m grünes Band, 2,5 cm breit
- ➪ 1 m gelbes Band mit Drahtkante, 4 cm breit

Zuerst schneiden Sie die Bänder für die Schuppen des Kranzes in 7 cm lange Stücke. Mit dem restlichen grünen Band umwickeln Sie den Kranz. Lassen Sie ein Stück dieses Bandes hängen, womit Sie nachher die letzte Schuppenreihe versäubern können. Die zurechtgeschnittenen Rechtecke knicken Sie nun zu Dreiecken. Diese werden dann mit Stecknadeln befestigt. Jeweils ein gelbes Dreieck in die Mitte stecken und zwei grüne daneben plazieren.

Jetzt werden die Käfer angefertigt. Dazu muß als erstes das Styroporei halbiert werden. Danach wird jede Spitze einer Eihälfte mit einem 10 cm braunem Bandstück bezogen. Stecken Sie das Band von unten mit Nadeln am Styropor fest.

Nun die restlichen 4 cm breiten Bänder in 7 cm lange Rechtecke schneiden. Diese Stücke knicken Sie nun zu Dreiecken.

Sie beginnen dann mit dem Aufstecken dieser Dreiecke am anderen Ende der Eierhälften (hinten am Käfer). Zuerst ein gelbes Dreieck feststecken, dann zwei daneben plazieren, wieder eins auf Lücke und zwei daneben. So verfahren Sie mit allen gelben Dreiecken, pro Käfer zehn Stück. Nun müssen nur noch die gestreiften Flügelchen festgesteckt werden.

Dann kleben Sie kleine Pfeifenputzerstücke als Fühler an die Köpfe der Käfer. Das schmale Satinband wird an der „Nahtstelle“ von Kopf und Rumpf befestigt, damit kleine Unregelmäßigkeiten verdeckt werden. Jetzt müssen Sie nur noch die Augen aufkleben, und die Käfer sind fertig.

Die Käfer kleben Sie nun auf den umwickelten Teil des Kranzes. Der fertige Kranz wird zuletzt aufgehängt und mit einer Schleife verziert.

Ei am Stab

Material:
- 1 Styroporei, 10 cm groß
- Rundstab
- 2 m gelbe Kordel
- 0,6 m gelbes Band, 1 cm breit

Band für den Rand:
- 2,5 m gelbes Band, 4 cm breit

Band für die Sternoptik:
- 2 m kariertes Band mit Drahtkante, 4 cm breit
- 2,5 m weiß-gelb gestreiftes Band mit Drahtkante, 4 cm breit

Band für die Schleife:
- 1 m kariertes Band, 4 cm breit

Die Bänder für die Sternoptik werden in 7 cm lange Stücke geschnitten und anschließend zu Dreiecken geknickt. Alle Dreiecke werden mit der Drahtkante nach oben festgesteckt. Zusätzlich wird in jeder Dreiecksspitze eine Stecknadel plaziert. Das Ei wird von beiden Seiten gleich besteckt: zuerst vier karierte Dreiecke, dann acht gestreifte, wieder acht gestreifte, acht karierte und an noch freien Stellen werden erneut karierte Dreiecke unter die vorigen gesteckt. Dann die Schuppen für den Rand in 7 cm lange Stücke schneiden und zu Dreiecken knicken. Diese Dreiecke werden am Rand des Eies entlang festgesteckt.

Die überstehenden Dreiecksenden abschneiden und beidseitig die Nadeln mit gelber Kordel überkleben. Von unten wird der Rundstab in das Ei geklebt. Aus kariertem Band binden Sie eine Schleife an den Stab.

Blumenstecker „Osterhase"

Material:
- 1 Styroporei, 10 cm groß
- 1 Holzkugel, 5 cm Ø
- braunes Moosgummi
- 3 gelbe Blüten
- 2 Wackelaugen, 1,5 cm Ø
- schwarzer Filzstift
- brauner Filz
- gelber Stoff
- blau gemusterter Stoff
- 2 gelbe Knöpfe, 1,5 cm Ø
- 0,5 m gelbes Band, 1 cm breit
- Rundstab

Zuerst teilen Sie das Styroporei nach der Skizze von Seite 2 ein. Dann werden die einzelnen Segmente nach der Anleitung von Seite 6 mit Stoff und Filz bezogen. Die Hose mit gemustertem Stoff, die Träger mit gelbem Stoff und den Rest mit braunem Filz patchen.

Dann kleben Sie die Augen auf die Kugel und malen das Gesicht auf. Die Kugel anschließend auf dem Styroporkörper befestigen. Nun werden die Ohren nach der Vorlage aus Moosgummi geschnitten.

Die Haare werden aus 14 Moosgummistreifen von 2 cm Länge und 2 mm Breite angefertigt. Nun Haare und Ohren ankleben und die drei Blüten oben am Kopf befestigen.

Der Hase wird jetzt noch mit zwei Knöpfen und einer Schleife vervollständigt. Zuletzt wird der Rundstab von unten in das Styroporei geklebt.

... WAS FÜR EIN RIESEN-EI!

Material:

➪ 1 Styroporei, 21 cm groß

Band für die Schleife:

➪ 1 m blau-weiß kariertes Band, 4 cm breit

➪ 1,5 m gelbes Band, 2,5 cm breit

➪ 1,5 m gelbes Band zum Aufhängen, 2,5 cm breit

Band für die Artischockentechnik:

➪ 5,5 m blaues Band, 4 cm breit

➪ 4,4 m gelb-weiß kariertes Band, 4 cm breit

➪ 4,4 m gelbes Band, 4 cm breit

➪ 4,4 m blau-weiß kariertes Band mit Motiv, 4 cm breit

➪ 3,3 m blau-weiß-gelb gestreiftes Band, 4 cm breit

Band für den Rand:

➪ 4 m gelbes Band, 4 cm breit

➪ 1,2 m blaue Litze, 1 cm breit

Zuerst schneiden Sie alle Bänder für die Artischockentechnik in 7 cm lange Stücke, die Sie anschließend zu Dreiecken knicken. Die gemusterten Dreiecke werden mit der Falten nach unten (nicht sichtbar), die unifarbenen Dreiecke mit der Falte nach oben (sichtbar) festgesteckt. Bestecken Sie beide Hälften des Eies gleich. In die erste Reihe kommen vier blaue Dreiecke, dann folgen acht weiß-gelb karierte Dreiecke, in die dritte Reihe kommen acht karierte Dreiecke mit Motiv, dann folgen acht blaue, acht weiß-gelb karierte Dreiecke auf Lücke; in die sechste Reihe kommen acht gestreifte auf Lücke; es folgen jeweils auf Lücke: acht blaue, acht gelbe, acht mit Motiv, acht blaue, acht gelbe, acht gestreifte, acht blaue und acht gelbe, acht mit Motiv, acht blaue und acht gelb-weiß karierte Dreiecke.

Aus dem Band für die Schuppen am Rand werden ebenfalls 7 cm lange Stücke geschnitten. Diese Dreiecke werden nun am Rand des Eies entlang festgesteckt. Die überstehenden Dreiecksspitzen werden abgeschnitten. Die Litze wird beidseitig neben die Schuppen um das Ei herumgeklebt. Zuletzt wird das Ei aufgehängt und mit einer Schleife verziert.

EI ALS GESCHENKVERPACKUNG

Material:

➪ 1 Styroporei, 16 cm groß

➪ gemusterter Stoff

➪ 1 m blaue Litze, 1 cm breit

➪ 1 m blaue Litze, 1,5 cm breit

➪ gelbe Acrylfarbe

Von innen malen Sie das Ei mit gelber Acrylfarbe an. Jede Eihälfte in vier Segmente einteilen und mit Stoff beziehen. Am Rand des Eies wird der Stoff mit Nadeln festgesteckt und ordentlich abgeschnitten. Mit der schmalen Litze werden die Segmentrillen verziert, mit der breiten Litze wird der Rand der Hälften verdeckt. Das fertige Ei kann nun mit Oster-Leckereien oder anderen kleinen Geschenken gefüllt werden.

Hase mit Hut

Material:

- 1 Styroporei, 10 cm groß
- 1 Holzkugel, 6 cm Ø
- 1 Hut, 7 cm Ø
- braunes Moosgummi
- kleine Blüten und Blätter
- schwarzer Filzstift
- Rundstab
- 0,7 m kariertes Band, 2,5 cm breit

Band für das Ei:

- 3,1 m apricotfarbenes Band, 4 cm breit
- 3,1 m braunes Band, 4 cm breit

Band für die grünen Blätter:

- 0,64 m hellgrünes Band mit Drahtkante, 7,5 cm breit
- 0,64 m dunkelgrünes Band mit Drahtkante, 7,5 cm breit

Als erstes schneiden Sie die beiden Bänder für das Ei in 7 cm lange Stücke. Die Stücke knicken Sie zu Dreiecken und stecken sie in Artischockentechnik auf das Ei. Danach malen Sie mit einem Filzstift das Gesicht auf die Holzkugel. Die aus Moosgummi ausgeschnittenen Ohren werden angeklebt. Nun den Hut mit Blüten und Blättern verzieren und auf der Holzkugel fixieren, die Sie vorher schon auf das fertige Ei geklebt haben. Das Band für die Blätter wird in 16 cm lange Abschnitte geschnitten. Stecken Sie zuerst die vier dunkelgrünen Dreiecke mit der Drahtkante nach oben unter dem Hasenrumpf fest. Allerdings müssen vorher noch die Außenkanten der Dreiecke nach innen umgeklappt werden. Die vier hellen Blätter-Dreiecke werden genauso geknickt, aber auf Lücke festgesteckt. Zuletzt wird der Rundstab von unten in das Ei geklebt. Der fertige Hase bekommt noch eine Schleife um den Hals.

Marienkäfer

Material:

- Rundstäbe

Für einen Käfer:

- 1/2 Styroporei, 6 cm groß
- 2 Tieraugen, 7 cm Ø
- 2 weiße Pfeifenputzerstückchen, 3 cm lang
- 0,77 m rotes Band, 4 cm breit
- 0,14 m rot-weiß kariertes Band, 4 cm breit
- 0,1 m braunes Band, 4 cm breit
- 0,1 m grünes Satinband, 0,5 cm breit

Zuerst wird die Spitze des Eies mit dem braunen Band überzogen. Das Band wird an der Unterseite des halben Eies mit Stecknadeln befestigt. Dann wird das rote bzw. rot-weiß karierte Band in 7 cm lange Stücke geschnitten und zu Dreiecken geknickt. Mit zehn von den unifarbenen roten Dreiecken wird der Rumpf besteckt. Beginnen Sie am hinteren Ende des Käfers. Die Dreiecke werden mit der Faltkante nach oben aufgesteckt, zusätzlich kommt in jede Dreiecksspitze eine Nadel. Dann werden die zwei karierten Dreiecke als Flügelchen aufgesteckt. Zwischen ihnen wird das letzte rote Dreieck plaziert.

Nun werden die weißen Pfeifenputzer und die Augen aufgeklebt. Das grüne Satinband verdeckt die „Nahtstelle“ und trennt den Kopf vom Rumpf. Der Rundstab wird von unten in das Styropor geklebt. Bei den fertig gesteckten Käfern können die Flügelchen nun noch etwas nach vorne aufgestellt werden.

Der Hase unter den Glockenblumen

Material:
- 1 Blumentopf, 10 cm groß
- Steckschwamm
- Heu, Gräser
- 3 kleine Deko-Eier

Für den Hasen:
- 1 Styroporei, 8 cm groß
- 1 Holzkugel, 4 cm Ø
- brauner Filz
- braunes Moosgummi
- schwarzer Filzstift
- 1 gelbe Blüte
- 0,2 m gelbes Band, 1 cm breit

Für die Blumen:
- 2 Styroporeier, 6 cm groß
- 3 m gelbes Band mit Drahtkante, 2,5 cm breit
- 3 m gelb-weiß kariertes Band mit Drahtkante, 2,5 cm breit
- Draht
- grünes Kreppwickelband

Das Ei für den Hasen wird in vier Segmente eingeteilt und mit braunem Filz bezogen. Auf die Holzkugel malen Sie mit dem Filzstift das Gesicht, bevor Sie den Kopf auf den Rumpf kleben. Danach schneiden Sie aus Moosgummi die beiden Ohren aus und kleben diese an den Kopf. Verziert wird der Hase mit einer Blüte und der Krawatte, die Sie aus dem gelben Band binden. Nun schneiden Sie die Bänder für die Artischockentechnik, in der die Glockenblumen angefertigt werden, in 5 cm lange Stücke. Dann bestecken Sie die zwei Styroporeier in Artischockentechnik. Hierbei sollte die Drahtkante immer nach oben zeigen.

Wenn die Eier fertig gesteckt sind, biegen Sie die Spitzen der Dreiecke etwas nach außen, damit ein Blüteneffekt entsteht. Von unten wird nun an jede Blüte ein Draht als Stiel gesteckt, den Sie mit grünem Kreppwickelband umwickeln. Zuletzt arrangieren Sie die Blumen mit dem Hasen und den anderen Materialien zu einem Gesteck.

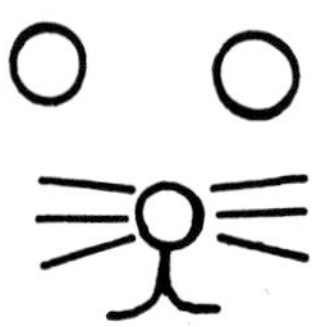

Gesicht

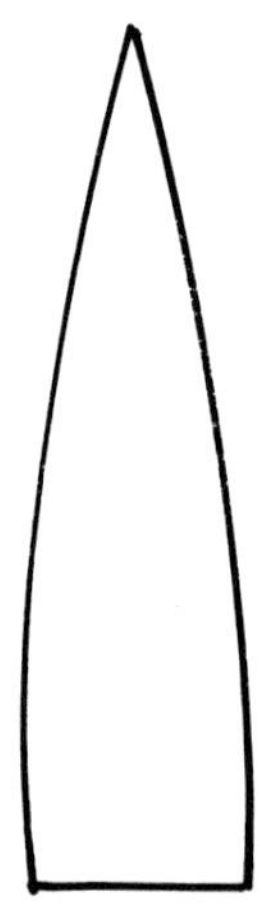

Ohr

Osterkranz

Material:
- ➪ 6 Styroporeier, 8 cm groß
- ➪ 3 Styroporeier, 6 cm groß
- ➪ Stoff mit Osterglockenmotiv
- ➪ 7 m gelbes Band, 1 cm breit
- ➪ 1,5 m dünne gelbe Kordel
- ➪ Krampen

Teilen Sie jedes Ei in vier Segmente ein. Dann patchen Sie die Segmente wie auf Seite 6 beschrieben mit Osterglockenstoff. Die sechs großen Eier werden dann miteinander zu einem Kranz verbunden, indem man zwei Krampen ineinander verhakt und in die Eispitzen klebt. Die miteinander verbundenen Eier dann zu einem Kranz biegen. Zwischen jeder zweiten Verbindungsstelle wird ein gelbes Band von 1 m Länge angebunden. Die Enden der drei doppelt festgebundenen Stränge werden oben zusammengefaßt. Zwischen jede Verbindungsstelle wird eine Schleife aus gelbem Band geklebt. Die kleinen Eier werden an einem Kordelstück befestigt und in die Kranzmitte gehängt.

Ei mit Käfer

Material:
- ➪ 1 m gelbes Band für die Schleife, 1 cm breit
- ➪ 0,5 m gemustertes Band, 4 cm breit
- ➪ Astbündel
- ➪ 1 Styroporei, 6 cm groß
- ➪ 2 m weißes Band, 4 cm breit
- ➪ 2 m gelbes Band, 4 cm breit
- ➪ 1,5 m gemustertes Band, 4 cm breit
- ➪ 3 m gelbe Kordel für die Quaste
- ➪ 1,5 m gelbe Kordel

Für den Käfer:
- ➪ 1/2 Styroporei, 6 cm groß
- ➪ 1 m weißes Band, 4 cm breit
- ➪ 0,14 m gemustertes Band, 4 cm breit
- ➪ 0,1 m gelbes Band, 4 cm breit
- ➪ 0,1 m grünes Band, 0,5 cm breit
- ➪ 2 Tieraugen, 7 mm Ø
- ➪ 2 weiße Pfeifenputzerstücke, 3 cm lang

Zuerst wird die Kordel für die Quaste in zehn 30 cm lange Stücke geschnitten, die in der Mitte mit einem Draht zusammengebunden werden. Dieser Draht wird dann in die Spitze des Eies geklebt. Danach werden die Bänder für das Ei in 7 cm lange Rechtecke geschnitten. Diese falten Sie zu Dreiecken und bestecken das Ei in Artischockentechnik. Die Reihenfolge der Farben ist egal, probieren Sie Ihr Muster aus! Wenn das Ei fertig besteckt ist, wird mit der restlichen Kordel ein „Deckel“ an die obere Spitze geklebt. Ein Stück der Kordel dient zum Aufhängen.
Bei dem Käfer wird zuerst das gelbe Bandstück an der Spitze der Eihälfte (dem Kopf) festgesteckt. Dann werden die breiten Bänder in 7 cm lange Stücke geschnitten und zu Dreiecken geknickt. Mit den weißen Dreiecken bestecken Sie den Rumpf des Käfers. Beginnen Sie von der anderen Seite, also von hinten. In die vorletzte Reihe stecken Sie die zwei gemusterten Dreiecke als Flügel. Zwischen diese wird das übrige weiße Dreieck gesteckt. Dann Pfeifenputzer und Augen ankleben. Die Nahtstelle von Kopf und Rumpf verdeckt das grüne Satinband. Das fertige Ei wird nun mit dem Käfer, dem Astbündel und einer Schleife verziert. Das gemusterte Band für die Schleife wird vorher der Länge nach durchgeschnitten, so daß sich zwei schmale Bänder ergeben.

Eierbäumchen

Material:

- 1 Steckschaumkugel, 10 cm Ø
- 1 Blumentopf, 18 cm breit und 13 cm hoch
- Steckschwamm
- Naturmoos
- Naturbast
- 2 Deko-Möhren
- 1 großes grünes Astbündel
- kleines Astbündel
- Heu
- Draht
- 29 Styroporeier, 6 cm groß
- orange-brauner Stoff
- geblümter Stoff
- 1 m Juteband, 10 cm breit

Für die Schleife:

- 1 m Juteband, 10 cm breit
- 1 m orangefarbenes Band, 2,5 cm breit

Alle Styroporeier werden in vier Segmente eingeteilt und mit Stoff bezogen. Zwölf Eier werden mit unifarbenem Stoff bezogen, die restlichen 17 Eier werden mit geblümtem Stoff gepatcht. Dann befestigen Sie den Steckschwamm im Blumentopf und decken ihn mit Moos ab. In diesen Schwamm stecken Sie das große Astbündel als Stamm, darauf wird die Kugel geklebt. Die Kugel bestecken Sie mit Heu, bevor die gepatchten Eier befestigt werden. Dazu verwenden Sie Krampen. In die Eier einen Draht stecken und jedes Ei mit dem Draht in der Kugel befestigen. Falls nach dem Aufstecken aller Eier noch Lücken sichtbar sind, schneiden Sie das Juteband in 10 cm lange Stücke, drahten diese an und stecken sie zwischen die Eier.

Der fertige Baum wird mit einer Schleife aus Juteband und orangefarbenem Band verziert. Auf dem Moos arrangieren Sie das kleine Astbündel mit dem Bast und den Möhren.

Ei in Webtechnik in Apricot

Material:

- 1 Styroporei, 16 cm groß
- 1,5 m apricotfarbenes Band, 1,5 cm breit, zum Umkleben und Aufhängen

Für die Schleifen:

- 1,5 m orangefarbenes Band, 2,5 cm breit
- 1 m Juteband, 10 cm breit

Zum Weben:

- blaues, braunes und orangefarbenes Band, 2,5 cm breit
- apricot-, creme- und orangefarbenes Band, 1 cm breit

Beachten Sie die Beschreibung von Seite 22!
Zuerst werden die verschiedenen senkrecht verlaufenden Bänder mit Stecknadeln befestigt. Es entsteht das „Gerüst“ für das Weben. Anschließend weben Sie die Querfäden durch die festgesteckten Bänder. Das fertig umwebte Ei wird dann mit Band umklebt und mit Schleifen verziert.

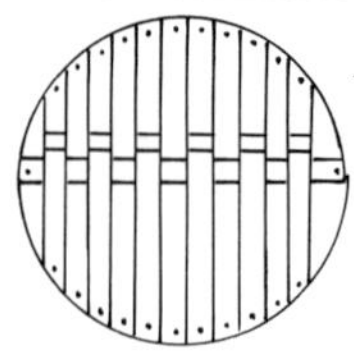

Webtechnik

Längsbänder: 45 cm lang
Querbänder: 38 cm lang

Gemischter Eierteller

Material:
- 5 Styroporeier, 8 cm groß
- geblümter Stoff
- grün-weiß karierter Stoff
- grüngemusterter Stoff
- grüner Teller, 20 cm Ø
- dünne grüne Kordel
- grünes Satinband, 0,5 cm breit

Die Eier in vier, sechs oder acht Segmente einteilen. Die Segmente werden anschließend mit Stoff bezogen. Nach Belieben kann man die Ritzen zwischen den Segmenten mit Kordel oder Satinband verzieren. Die fertigen Eier werden zur Dekoration auf einen Teller gelegt. Wenn Sie mögen, können Sie noch Kerzen dazu stellen.

Ei in Webtechnik in Grün-Orange

Material:
- 1 Styroporei, 10 cm groß
- Bänder in Gelb, Grün und Orange, 1 cm breit
- schmale Sisalkordel
- 0,8 m dicke Sisalkordel zum Aufhängen und für die Schleife
- 1 m grünes Band, 1,5 cm breit
- 1 m orangefarbenes Band, 1 cm breit
- 2 orangefarbene Holzblümchen

Zuerts stecken Sie verschiedene Bänder und Kordeln mit Stecknadeln fest. So erhalten Sie das Gerüst für das Flechtweben (siehe Arbeitsfotos und Skizze).

Dann werden die Querfäden mit einer großen Stopfnadel durch die festgesteckten Bänder gewebt. Am einfachsten ist das, wenn man das eine Bandende mit einer Nadel feststeckt, bevor man über und unter den anderen Fäden webt. Das jeweilige Ende dieser „Webbänder" wird ebenfalls mit einer Nadel fixiert. Ist das Ei vollständig umwebt, werden die Nadeln mit einer um das Ei herumgeklebten Kordel abgedeckt. Das fertige Ei zuletzt mit Schleifen und Blümchen verzieren.

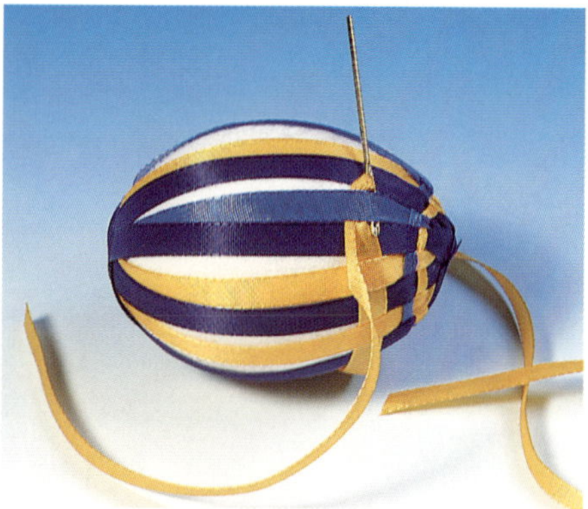

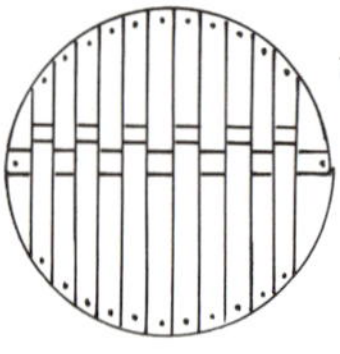

Webtechnik

Längsbänder: 30 cm lang
Querbänder: 26 cm lang

Ostereier in Sternoptik

Dickes Ei

Material:

➪ 1 Styroporei, 16 cm groß
➪ 4 blaue Holzblumen

Bänder mit Drahtkante für Artischockentechnik:

➪ 1,12 m gemustertes Band, 4 cm breit
➪ 1,12 m blaues Band, 4 cm breit
➪ 4,2 m gelbes Band, 4 cm breit

Band für den Rand:

➪ 3,5 m blaues Band, 4 cm breit
➪ 1 m blaue Litze, 1 cm breit

Band für die Schleife und zum Aufhängen:

➪ 2 m gelbes Band, 4 cm breit
➪ 1,5 m blaues Band, 1,5 cm breit
➪ 1 m blaues Band, 1 cm breit

Als erstes schneiden Sie die Bänder mit Drahtkante in 7 cm lange Rechtecke, die Sie anschließend zu Dreiecken knicken. Dann stecken Sie zuerst auf jede Eihälfte in die Mitte vier gemusterte Dreiecke. Alle Dreiecke werden mit der Drahtkante nach oben (sichtbar) aufgesteckt. In jeder Spitze der Dreiecke wird eine zusätzliche Nadel plaziert. Genau über den gemusterten Dreiecken folgt eine Reihe weiterer gemusterter Dreiecke, die allerdings zwischen den vorigen plaziert wird. Diese Dreiecke werden zusätzlich an den Seiten übergeklappt. In die nächste Reihe stecken Sie acht blaue Dreiecke, dann acht gelbe, wieder acht gelbe, dann acht gelbe auf Lücke und zuletzt sechs gelbe Dreiecke auf noch auszufüllende Stellen. Sollten nun an den Rändern Bandstücke überstehen, so schneiden Sie diese ab. Das Band für den Rand wird nun in 7 cm lange Streifen geschnitten, zu Dreiecken geknickt und um das Ei herum festgesteckt. Überstehende Spitzen werden abgeschnitten. Die Litze wird rechts und links neben diese kleinen Schuppen geklebt, um die Nadeln zu verdecken. Das fertige Ei nun aufhängen und mit einer Schleife verzieren. Auf die Enden der gelben Schleife kleben Sie beidseitig die Holzblümchen.

Kleines Ei

Material:

➪ 1 Styroporei, 10 cm groß

Band mit Drahtkante für Artischockentechnik:

➪ 1,12 m gelbes Band, 4 cm breit
➪ 0,84 m blaues Band, 4 cm breit
➪ 0,84 m gemustertes Band, 4 cm breit

Band für den Rand:

➪ 1,75 m gelbes Band, 2,5 cm breit
➪ 0,6 m blaue Litze, 1 cm breit

Band zum Aufhängen und für die Schleife:

➪ 1 m blaue Kordel
➪ 1,5 m gelbes Band, 1 cm breit

Die Bänder mit der Drahtkante werden in 7 cm lange Stücke geschnitten, die anschließend zu Dreiecken geknickt werden. Alle Dreiecke mit der Drahtkante nach oben aufstecken. Zusätzlich wird an jeder Dreiecksspitze eine Stecknadel plaziert. Zuerst werden vier Dreiecke in die Mitte jeder Eierseite gesteckt. Genau auf gleicher Höhe, aber zwischen die vorigen Dreiecke, stecken Sie vier weitere gelbe.

(Fortsetzung Seite 26)

(Fortsetzung von Seite 24)
Diese werden allerdings auch seitlich umgeklappt. Dann folgen vier gemusterte, umgeklappte Dreiecke auf Lücke. Es folgen vier blaue auf Lücke. In der letzten Runde wechseln sich blaue und gemusterte Dreiecke ab: die blauen kommen unter die gemusterten Dreiecke, die gemusterten unter die blauen. Nun schneiden Sie das Band für den Rand in 5 cm lange Stücke, knicken es zu Dreiecken und stecken diese um das Ei herum. Überstehende Spitzen werden abgeschnitten. Zuletzt wird die blaue Litze beidseitig neben die kleinen Schuppen geklebt, um die Nadeln zu verdecken. Das fertige Ei mit einer Kordel aufhängen und mit einer Schleife verzieren.

EIERGIRLANDE

Material:

- 1 Styroporei, 10 cm groß
- 2 Styroporeier, 8 cm groß
- 1 Styroporei, 6 cm groß
- gemusterter Stoff
- Naturbast
- 2 m dünne gelbe Kordel

Alle Eier werden in vier Segmente eingeteilt und mit dem gemusterten Stoff bezogen. Beachten Sie dafür die Anleitung auf Seite 6! Die fertigen Eier werden an den Nähten mit gelber Kordel verziert. Zuletzt die Eier mit Naturbast aneinanderbinden und verzieren.

FRÜHLINGSTOPF

Material:

- 1 Blumentopf, 20 cm groß
- Steckschwamm
- Heu und Moos
- Äste
- Efeu
- 6 Osterglocken
- 2 Knospen
- Blätter und Gräser
- Naturbast

Für die Schleife:

- 1,5 m naturfarbenes Juteband, 4 cm breit
- 1,5 m geblümtes Band, 4 cm breit

Für die Artischockentechnik:

- 2 Styroporeier, 10 cm groß
- 4 m gelb-weiß kariertes Band, 4 cm breit
- 4 m geblümtes Band, 4 cm breit

Schneiden Sie die Bänder für die Artischockentechnik in 7 cm lange Stücke. Knicken Sie diese Stücke zu Dreiecken, und bestecken Sie die Eier in der Artischockentechnik. Die fertig gesteckten Eier werden mit den anderen Materialien zu einem Gesteck arrangiert. Dazu kleben Sie den Steckschwamm in den Blumentopf und decken den Schwamm mit Heu und Moos ab. Dann werden Blumen, Gräser und Blätter wie abgebildet in den Topf gesteckt. Vor den Osterglocken plazieren Sie die beiden Eier, davor ein Astbündel. Zuletzt setzen Sie noch Akzente durch die Schleife und Naturbast, der um den Topf und das Astbündel gebunden wird.

Ei mit grossen und kleinen Schuppen

Material:

- ➪ 1 Styroporei, 10 cm groß
- ➪ 2,5 m gelbes Band, 4 cm breit
- ➪ 2 m gemustertes Band, 2,5 cm breit
- ➪ 1,5 m gelbe Litze, 0,5 cm breit
- ➪ 2,5 m gelbe Kordel

Zuerst wird das gelbe Band in 7 cm lange Stücke geschnitten und zu Dreiecken geknickt. Das gemusterte Band schneiden Sie in 5 cm lange Stücke. Dann bestecken Sie das Ei in der Artischockentechnik mit gelbem Band. Allerdings wird hier nicht auf Lücke gesteckt, denn die Lücken werden anschließend mit den kleineren gemusterten Schuppen aufgefüllt.

So ergeben sich vier schmale gemusterte Streifen und vier breite gelbe Streifen um das Ei herum. Die überstehenden Dreiecksspitzen werden nun vom gemusterten Rand abgeschnitten. Versäubert werden die Ränder mit gelber Litze. Zuletzt die gelbe Kordel als „Deckel“ und zum Aufhängen festkleben.

Eine Krone für den Frühling

Alle Eier werden in vier Segmente eingeteilt und mit Stoff bezogen (siehe Seite 6). Sechs große Eier werden mit dem gepunkteten Stoff bezogen, der Rest wird mit dem geblümten Stoff gepatcht. Über die „Nähte“ der Eier mit dem Tupfenstoff kleben Sie gelbe Litze. Dann werden die Eier mit Krampen aneinandergereiht und zu einem Kreis gebogen. Die großen geblümten Eier werden immer zu zweit verbunden und dann jeweils zwischen zwei getupfte Eier geklebt. Eins von den kleinen Eiern wird als Bekrönung auf die großen Eier geklebt, die punktuell miteinander verbunden sind. Die drei übrigen kleinen Eier werden mit gelbem Satinband in die Kronenmitte gehängt. Die Schleifen und Blüten fixieren Sie zwischen den Verbindungsstellen des Kranzes.

Material:

- 12 Styroporeier, 8 cm groß
- 4 Styroporeier, 6 cm groß
- geblümter Stoff
- gelber Stoff mit weißen Tupfen
- 3 gelbe Blüten
- 3 m gelbe Litze 0,5 cm breit
- 3 m blaues Band für die Schleifen, 1 cm breit
- 3 m gelbes Band für die Schleifen, 1 cm breit
- 1 m gelbes Band zum Aufhängen 1 cm breit
- 1,5 m gelbes Satinband, 1,5 cm breit
- Krampen

Osterlandschaft für den Kaffeetisch

Material:

- 1 Styroporplatte, 25 cm Ø
- gelbe Wellpappe

Für die Wiese:

- gelber, grüner, grün gemusterter Stoff

Für den Hasen:

- 1 Styroporei, 6 cm groß
- 1 Holzkugel, 3 cm Ø
- 2 Wackelaugen, 0,5 cm Ø
- schwarzer Filzstift
- gelbe Blüten
- weißer Strickschlauch, 8 cm lang, 3 cm breit (Körper); 2 x 5 cm lang, 2,2 cm breit (Ohren)

Für die Blumen:

- 1 Styroporkugel, 5 cm Ø
- 3 m gelbes Band, 2,5 cm breit
- 1 m gelbes Band mit Blumenmotiv, 4 cm breit
- 0,3 m gelbes Band, 1 cm breit
- 2 Rundstäbe
- grünes Kreppwickelband
- Gräser und Blätter
- grünes Moosgummi
- Zackenschere

Zuerst schneiden Sie einen 25 cm großen Kreis aus einer Styroporplatte aus. Die Platte umkleben Sie dann mit einem 5 cm breiten und 80 cm langen Wellpappestreifen. Die Stoffe für die Wiese schneiden Sie mit einer Zackenschere zu 5 cm x 5 cm großen Quadraten, die mit einem Stift oder Schraubendreher in die Styroporplatte gesteckt werden. Um den Hasen anzufertigen, ziehen Sie ein 8 cm langes Stück Strickschlauch über das Styroporei. Oben rollen Sie das Ende zu einem Rollkragen, das untere Ende kleben Sie fest. Die Ohren fertigen Sie aus zwei schmäleren Schlauchstücken an. Auf die Holzkugel das Gesicht malen und die Augen aufkleben. Dann wird der Kopf auf dem Rumpf befestigt. Zuletzt müssen noch Ohren und Blümchen angeklebt werden.
Für die Blumen muß die Styroporkugel geteilt werden. Dann schneiden Sie das gelbe Band in 5 cm lange Stücke. Mit diesen Stücken, die Sie zu Dreiecken knicken, wird jede Halbkugel in Artischockentechnik besteckt. Das gemusterte Band wird in 7 cm große Stücke geschnitten. Diese Dreiecke werden zusätzlich auch noch an den Seiten nach innen umgeklappt. Danach werden sie von unten an die Kugel gesteckt, acht Stück pro Knospe. Aus grünem Moosgummi wird ein Kreis ausgeschnitten (5 cm Ø), der unter jede Blüte geklebt wird. Danach den Rundstab befestigen und Gräser und Blätter mit Kreppwickelband am Stab befestigen. Zuletzt werden Blumen und Hase in die Wiese gesetzt. Fertig ist die Osterdekoration!

Gesicht Hase

Eierkranz

Material:

- 1 ovaler Styroporkranz, 24 cm Ø
- 0,9 m weißer Strickschlauch, 4 cm breit
- 1 Styroporei, 8 cm groß
- gelber und weißer Strickschlauch, je 10 cm, 4 cm breit
- 0,5 m gelbes Band zum Aufhängen, 1 cm breit
- 1 m weißes Band zum Aufhängen, 2,5 cm breit
- 1 m gelb-weiß gestreiftes Band, 4 cm breit

Schneiden Sie den Styroporkranz in einer Rundung auf, und ziehen Sie das lange Stück weißen Strickschlauch über den Kranz. An der Schnittstelle wird der Schlauch zusammengenäht. Danach teilen Sie das Ei in vier Segmente ein und beziehen es mit weißem und gelbem Strickschlauch. Beachten Sie dazu die Anleitung von Seite 6. Dieses Ei wird jetzt mit dem schmalen gelben Band in den Kranz gehängt. Zuletzt hängen Sie den fertigen Kranz mit einem weißen Band auf und verzieren ihn an der Naht mit einer Schleife.

Dose in Webtechnik

Material:
- 1 ovale Styropordose, 19 cm groß
- Reste von gelben und blauen Bändern in verschiedenen Breiten (Längsbänder: 30 cm lang; Querbänder: 26 cm lang)
- gelbe Wellpappe
- Naturbast
- 0,55 m blaue Litze, 1 cm breit
- 0,55 m blaue Litze, 1,5 cm breit
- 1,2 m gelbes Band mit Drahtkante, 4 cm breit

Zuerst werden die Bandreste dicht nebeneinander, teilweise sogar überlappend, in einer Richtung auf dem Dosendeckel festgesteckt (vgl. Anleitung Seite 22). Dann beginnen Sie mit dem Weben. Gewebt wird von der Mitte aus, zu den Seiten hin. An den Enden werden die Webfäden jeweils mit einer Nadel festgesteckt. Dann schneiden Sie das breite gelbe Band in 7 cm große Stücke, die zu Dreiecken gefaltet werden. Der Rand des Dosendeckels wird nun mit den Dreiecken besteckt. Dann schneiden Sie aus gelber Wellpappe zwei Streifen zu: einmal 1,5 cm breit und 53 cm lang, einmal 4 cm breit und 53 cm lang. Der schmale Streifen wird an die Kante des Dosendeckels geklebt, der andere um den Rand des Dosenuntersatzes. Zuletzt wird an der Oberkante die schmale blaue Litze, an der Unterkante der Dose die breite Litze befestigt. Wer möchte, kann die Dose nun noch innen mit blauer oder gelber Acrylfarbe anmalen.